Ein Leben mit Havanesern

Petra Behr

Ein Leben mit Havanesern

Aus dem Zusammenleben zwischen Zwei- und Vierbeinern - für Menschen, die bereits Hundebesitzer sind oder es noch werden wollen.

Bibliografische Information der Deutschen Nationalbibliothek:
Die Deutsche Nationalbibliothek verzeichnet diese Publikation in der Deutschen Nationalbibliografie; detaillierte bibliografische Daten sind im Internet über http://dnb.d-nb.de abrufbar

Herstellung und Verlag: Books on Demand GmbH, Norderstedt

ISBN: 9783839141939

Petra Behr

Ein Leben mit Havanesern!

Aus dem Zusammenleben zwischen Zwei- und Vierbeinern - für Menschen, die bereits Hundebesitzer sind oder es noch werden wollen.

Ganz besonders möchte ich meiner Lebensgefährtin Gaby Grundel für ihre Unterstützung und die vielen Stunden des Zuhörens und Verquasselns danken!

Ein spezieller Dank geht auch an Alexandra Assmus für die wertvolle HIlfe bei der Korrektur!

Inhaltsverzeichnis

www.von-der-wolfspfote.de.tl

DER HAVANESER
Kleiner Hund
ganz groß
Ein Ratgeber aus der Praxis
Herausgegeben von Edgar August

Vorwort

Dieses Buch soll definitiv kein Fachbuch sein, sondern ein Buch zum Schmökern, Schmunzeln und Wohlfühlen über eine unglaublich liebenswerte Hunderasse – den Havaneser!
Jeder Tag mit den kleinen Clowns ist eine Überraschung und ist nie eintönig.
Sie verwundern mich mit ihrem Einfallsreichtum immer wieder aufs Neue.
Mit ihrer liebenswürdigen Art schaffen sie es einfach jeden um die Pfote zu wickeln.
Ob groß, ob klein, ein Havaneser passt sich an.
Der absolute Familienhund!
Auf den folgenden Seiten möchte ich Sie an der Entstehung meines Rudels und dem Alltag mit meinen Hunden teilhaben lassen.

Als Praxisratgeber kann ich folgendes Buch empfehlen:

Der Havaneser – kleiner Hund ganz groß

Erschienen ist es im Lutzi Verlag Allgäu,
ISBN978-3-9813054-5-6

Aber nun viel Spaß beim Lesen meines Buches!

Schorschi

Meine Liebe zu Hunden besteht eigentlich schon seit meiner Kindheit.
Jedoch sollte es noch einige Zeit dauern, bis ich endlich meinen ersten Hund haben sollte.

Willi ist der Yorkshire-Terrier meiner besten Freundin. Und durch ihn sollte sich mein Wunsch denn nun endlich erfüllen.
Der kleine Knopf kam immer freudig auf mich zugelaufen und ließ sich schmusen und knuddeln.
Obwohl ich gestehen muss, dass er nicht gerade lecker aus seinem Mäulchen gerochen hat.
Er hatte schlechte Zähne und dazu noch massig Zahnstein.
Klein-Willi hatte nämlich keine schöne Vergangenheit.
Er war ein armer kleiner spanischer Straßenhund, der von der Tiernothilfe nach Deutschland vermittelt worden war.
Wenn er versucht zu bellen, dann kommt nur ein leises heiseres Krächzen heraus. Ihm wurden von Tierquälern die Stimmbänder durchgeschnitten!
Zudem hat der Kleine eine ca. 15 x 20 cm große felllose Narbe auf dem Rücken. Vermutlich wurde der Hund mit Säure verätzt.
Einfach unvorstellbar!
Umso schöner, dass er hier jetzt wohl behütet leben kann.
Mittlerweile ist Willi schon ein alter „Opa“, ist fast taub (zumindest hört er nur das, was er will) und besitzt nur noch einen einzigen Eckzahn.

Und trotzdem schafft er es mit diesem einen Zahn Lammknochen abzuknabbern (oder sollte ich doch lieber „lutschen" sagen?)

Durch diesen Willi also sollte sich mein zukünftiges Leben komplett ändern!
Ok, ein kleiner Hund sollte einziehen. Und wenn möglich auch von einer Tiernothilfe.
Im Internet gibt es hier eine sehr große Plattform:
Das Zergportal!
Es sollte ja ein Hund wie Willi sein!
Ich durchsuchte das Netz stundenlang, tagelang – ohne Erfolg!
Fast immer waren die kleinen Fellnasen, die optisch in Frage gekommen wären, bereits reserviert oder vermittelt.
Heute würde ich jedem raten seine Suche nicht an einem bestimmten Bild fest zu machen.
Es gibt so viele tolle und treue Fellnasen, die ein neues Leben in einem schönen Zuhause verdient haben.
Und dann sah ich dieses Foto von einem Norfolk Terrier.

Und ich wusste ganz genau: Jawohl, das ist mein Hund! Damals trug er noch den Namen Loan und er war bereits bei einer Pflegefamilie in Deutschland.

Ich nahm sofort Kontakt mit dem Verein auf. Es folgten viele Fragen, Überprüfungen und und und...
Eine Kinderadoption ist mit Sicherheit nicht weniger schwierig.
Dann war es endlich soweit: Ich konnte Schorschi abholen! Meine Tochter und ich machten uns gemeinsam auf den Weg und kamen mit dem liebsten, süßesten, treuesten, aber auch dreckigsten Hund zurück!

Der Kleine stank zehn Meter gegen den Wind und auch er hatte Zahnstein und dadurch mächtigen Mundgeruch!

Aber von Anfang an zeigte er mir seine Liebe und wurde sofort mein Schatten.
Auch heute verfolgt er mich noch auf Schritt und Tritt!
Zuhause war dann erstmal großes Baden angesagt.
Nicht gerade zur Begeisterung von Schorschi, aber zur Beruhigung meiner Nase und dem Zwang, mich immer wieder auf kleine Mitbewohner meines Hundes zu untersuchen.

Schließlich saß Schorschi dann an seinem ersten Abend ruhig und zufrieden mit mir auf dem Sofa, jedoch strafte er mich mit einem vorwurfsvollen Blick

Franzi

Schorschi hatte sich mittlerweile prima eingelebt.
Für mich war es, als wäre ich niemals ohne Hund gewesen.
Dann zog Gaby bei mir ein. Sie ist mit Hunden groß geworden und hatte danach auch immer Hunde gehabt. Voll berufstätig war so was natürlich überhaupt nicht möglich. Aber jetzt war ich ja auch noch da… Also, es sollte noch ein Hund zu uns kommen.
Ihre große Liebe galt den Maltesern.
Sie selbst hatte zuvor zwei Stück gehabt und fand den Charakter und das Aussehen einfach toll.
Nun machten wir uns auf die Suche.
Es sollte kein Welpe mehr sein, denn sie war nach wie vor berufstätig und wollte mir die Erziehung eines Welpen nicht zumuten.
Allerdings ist es mehr als schwer einen erwachsenen Malteser zu finden!
Doch nach einigem Suchen fanden wir einen!
Ein Termin wurde ausgemacht, wir sind über eine Stunde gefahren – nur um uns dann sagen zu lassen, der Hund wäre bereits am Nachmittag abgeholt worden.

Ok, eine neuer Versuch!
Es wurde ein Malteser abgeben, weil Herrchen und Frauchen keine Zeit mehr für ihn hatten.

Wir sind hingefahren, haben uns beschnuppert, waren Gassi – wir hätten ihn am liebsten sofort mitgenommen.
Aber – man hatte sich entschieden, den Hund doch lieber selbst zu behalten.
So … dann führte ich meine Internetrecherchen fort … und siehe da … über die Suchfunktion kam ich dann vom Malteser zum Havaneser.
Havaneser – was ist denn das?, fragte ich mich.
Nachdem ich mich belesen hatte, war schnell klar:
Es wird ein Havaneser!

Durch Zufall bin ich dann auf eine Anzeige gestoßen, in der ein Züchter seine 15 Monate alte Hündin abgeben wollte.
Wir haben angerufen und die Hündin war noch zu haben. Es wäre eine ganz tolle und liebe Hündin. Mit allen verträglich, sehr neutral, kurzum: genau richtig für uns.

Ein Termin wurde vereinbart und wir kamen nach einer zweistündigen Autofahrt an. Ohje, am liebsten hätten wir sofort wieder kehrt gemacht. Am Zaun des Hauses stand eine 30 – 40-köpfige Hundeschar verschiedener Rassen und das Haus sah verwahrlost und dreckig aus.

Nachdem wir geläutet hatten, bat man uns, zur Rückseite des Grundstückes zu kommen.

Ein sehr verlebter Herr öffnete uns dort ein Tor und wir fanden uns auf einem Schrottplatz wieder.
Überall Autowracks, Ersatzteile und dazwischen jede Menge Hunde.
Laut seiner Aussage befand sich das Haus im Umbau und er könnte uns zurzeit nicht herein bitten, wir sollten ihm ins „Gartenhaus" folgen.
Das taten wir und er wollte die Hündin holen.
Mittlerweile hatte ich das dringende Bedürfnis mich mit Sagrotan zu desinfizieren. Pseudo-Flöhe kitzelten mich schon auf der Kopfhaut. Wir wagten auch nicht einen der angebotenen Stühle zu benutzen, so verdreckt wie diese waren.
Dann brachte er Franzi!
Ein Bild des Jammers!
Die arme Maus war total verdreckt und verängstigt.
Und jetzt haben wir genau das getan, was man auf GAR keinen Fall tun sollte: Wir nahmen Franzi aus Mitleid mit!
Nach einiger Zeit und Mühe hatten wir sie im Auto – sie kannte wirklich außer diesem Schrottplatz nichts.
Auf der Autofahrt nach Hause hat sie sich erstmal übergeben.
Wie gut, dass der „Züchter" Franzi in unserem Beisein mit Leckerlies voll gestopft hatte!

Zuhause angekommen wurde sie von Schorschi beschnuppert. Ganz zaghaft. Und dass, obwohl Schorschi erst einmal sehr unzufrieden damit war, uns nicht mehr für sich alleine zu haben.
Das sollte sich jedoch bald ändern

Franzi kannte wie gesagt, gar nix.
Sie war auch mit ihren 15 Monaten noch nicht sauber und verrichtete ihre großen und kleinen Geschäfte im Haus. Durch viel, viel Geduld und Übung hatten wir sie dann zur Sauberkeit erzogen.
Auch das Vertrauen zu uns baute sich sehr, sehr langsam auf. Sie ließ sich nicht auf den Arm nehmen, den Bauch streicheln und so weiter. Sofort versteifte sich der Hund.
Erst allmählich legte sich die Angst bei ihr.
Und heute ist sie unsere Alpha-Hündin, die ihr Rudel fest im Griff hat.
Sie hat vollstes Vertrauen zu mir und begrüßt mich offen und stürmisch.
Abends tapst sie aufs Sofa, um sich genüsslich und breit bei mir auf den Bauch zu legen.
Wir haben es geschafft!!!

Franzi

Eine Idee wird geboren

Jetzt hatten wir unsere zwei Hunde!
Und es ging uns supergut mit den Beiden.
Ich hatte mich immer mehr in diese tolle Rasse des Havanesers verliebt.
Und dann, es war ein schöner Sommernachmittag, kamen wir zu dem Entschluss – wir möchten diese Rasse züchten.
Die Vorraussetzungen waren perfekt: eigenes Haus, großer Garten, ich nicht voll berufstätig. Was steht einer kleinen Hobbyzucht im Wege?
So, die Idee war da!
Aber was jetzt?
Welcher Verein?
Was muss ich alles machen?
Fragen über Fragen.
Meine erste Handlung war, ein Buch über die Hundezucht allgemein zu kaufen.
Ich kann dazu folgendes Buch sehr empfehlen: „Die Technik der Hundezucht“ von Dr. Dieter Fleig.
Damit habe ich mich erst einmal gründlich belesen. Dann musste natürlich auch noch ein Buch über Havaneser her. Auch dieses wurde studiert.
Die Hunde entwickelten sich prächtig! Schorschi wurde immer weniger zum Einzelgänger, sondern widmete sich seiner Franzi.

Ich meldete mich beim IHV e.V. an und bekam auch hier noch einige Informationen.
Und dann wurde mein Zwingername registriert. Wir durften uns ganz stolz „Havaneser von der Wolfspfote“ nennen!
Was wäre auch bei unserem Heimatort Wolfsheim passender gewesen, als dieser Name.
So, jetzt mussten sie nur noch kommen – unsere Wolfspfötchen.
Geplant wurde alles von klein auf.
Eine große Wurfbox wurde gebastelt und ein Freigehege gekauft!
Wir haben einen ausgebauten Keller mit direktem Zugang in den Garten.
Was heißt Keller – wir haben Hanglage, sodass wir im Garten auch Ebenerdig hinausgehen können.
Dazu noch ein separates Zimmer für die Welpen – was will man mehr!
Ich setzte mich dann noch mit Happy dog in Verbindung. Tiernahrung von Happy dog hatten wir vorher bereits verwendet, also wollten wir unseren Welpen auch nur das Beste geben. Telefonische Beratung, Startersets für die Welpen und tierärztliche Betreuung – der Service ist einfach perfekt!
Nachdem nun auch die Tierversicherung abgeschlossen war, konnte die Suche nach einer geeigneten Zuchthündin losgehen.

Trudi zieht ein

Die Suche war nicht einfach. Haben sie schon einmal versucht, einen erwachsenen Havaneser zu finden?
Das gestaltet sich bei der Welpensuche schon mehr als schwierig!
Doch wir hatten Glück!
Eine Züchterin in der Nähe von Dresden wollte ihre Zucht verkleinern und wollte deswegen eine Hündin abgeben!
Ich hatte telefoniert, mich erkundigt und wir waren uns einig!
Wir fahren nach Dresden! Über vier Stunden dauerte die Fahrt! Erschöpft, aber dank Navi einigermaßen entspannt kamen wir an.
Es begrüßte uns eine große Schar Havaneser und Bolonkas, sodass wir unser Trudilein zu Anfang gar nicht bemerkten.
Man muss wissen … Trudi gehört nicht zu den Schnellsten. Sie braucht bei allem eine Extra-Einladung.

Schon sehr oft habe ich sie in irgendeinem Zimmer vergessen, weil sie einfach so langsam ist.
Ich erinnere mich an eine Situation, die Hunde waren im Garten und ich wollte sie wieder herein holen.
Ich bin also zur Gartentür, machte diese auf, es stürmten 5 Hunde an mir vorbei – und ich wartete …. Und wartete … und wartete.
Und es kam kein Trudchen!

Mir wird es schon himmelangst!
Ich lief hinaus in den Garten – rief – nein – schrie – nix!!!
Ich lief und suchte den ganzen Hang ab – nix!
Durchkämmte jedes Zimmer im Haus!
Und als ich zum Schlafzimmer kam und die Tür öffnete, kam mir Trudchen gähnend und sich streckend entgegen.
Mit einem Blick „Mensch, mach doch nicht so einen Stress!“

Ok, zurück, wir sahen dann eine Hündin, die zum Einen relativ groß für einen Havaneser, aber … zum Anderen auch leider total verschnitten war.
Der Anblick war … na ja….gewöhnungsbedürftig!

Dann das nächste Manko; Trudchen ließ sich nicht gerne in die Ohren schauen bzw. sauber machen.
Als ihr damaliges Frauchen versuchte uns zu zeigen, wie die Ohren aussehen, hatte Trudchen die Zähne gefletscht und versucht zu beißen.
Wir waren aber von der Hündin ansonsten so positiv angetan, dass wir sie natürlich sofort mitnehmen wollten.
Die kleine Maus ging auch sofort ganz brav an der Leine mit zu unserem Auto!
Die Fahrt verlief ohne Komplikationen.
Heute weiß ich natürlich, dass Trudi Autofahren über alles liebt!
Die Beiden zu Hause haben den Neuzugang erst einmal genau beschnuppert.
Franzi, als Buff-Hund, hat Trudi zunächst mit der Schnauze in die Seite

gestoßen. Begrüßung eben. Trudi hat sich sehr schnell und ohne Komplikationen ins Rudel eingefügt!
Sie hatte aber bisher noch nie eine richtige Bezugsperson – und das hat man ihrem Verhalten doch sehr stark angemerkt.
Die beiden anderen Hunde waren und sind sehr stark auf mich fixiert.
Trudchen ist so ziemlich alles zuviel vor allem das, was anstrengend ist.
Läutet es an der Tür, so stürmen die Anderen los und Trudchen schaut mich nur mit großen Augen an „Ist es ok, wenn ich hier warte, bis sich der Rest wieder beruhigt hat"?
Selbst beim Tierarzt ist dieser Hund die Ruhe in Person!
Noch nicht einmal der Herzschlag ist, zum Erstaunen der Tierärztin, erhöht!
Trudchen bekam ihren Namen in Anlehnung an Trude Herr, weil sie ein genauso ausladendes Hinterteil hat.

Mittlerweile ist Trudi zu einem wirklich bildhübschen Havaneser geworden! Das Fell ist wunderschön seidig und lang.
Im Moment zeigt uns Trudchen wieder, dass Havaneser doch wahre Wundertüten sind.
Zu Beginn war Trudi ja noch fast ganz weiß!
Dann begann das Fell vom Scheitel her apricotfarben nachzuwachsen!
Die Färbung wurde immer intensiver!
Aber am meisten erstaunte mich dann, dass Trudchen`s Fell nach dem apricot in grau nachwächst! Das hatte ich bisher noch nirgends gesehen oder gehört!
Ich bin gespannt, was daraus noch wird

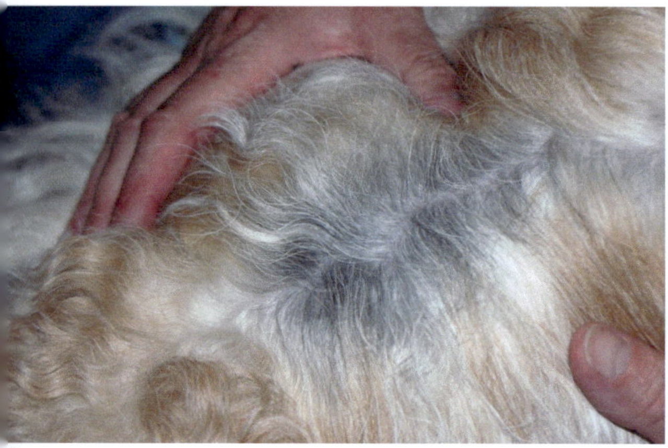

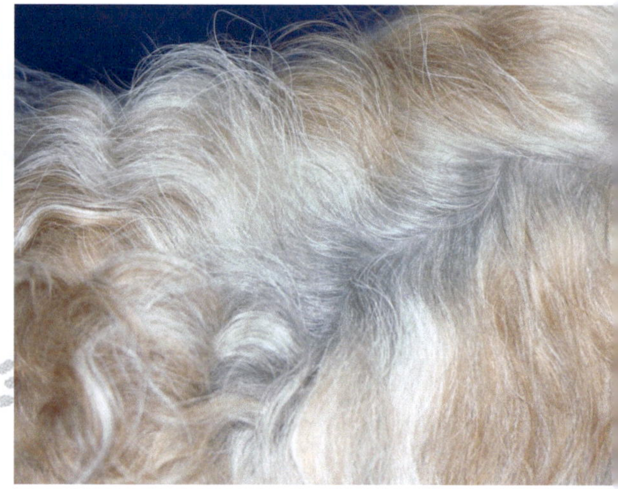

Trixie

Es sollte natürlich noch ein Havaneser her. Die Sucht war da! Und dann sah ich die Anzeige:
Sechs Monate altes Havi-Mädchen sucht neues Zuhause….
Bild gesehen – hin und weg…. ein Traum in schwarz.
Ich habe also angerufen und gefragt, warum man dieses süße Havi-Mädchen denn abgibt.
Antwort: Sie verträgt sich nicht mit unseren Chihuahuas.
Gut, wir sind also hingefahren. Wie immer nicht gleich ums Eck, sondern zwei bis drei Stunden Fahrt.
Die Besitzerin selbst war dann noch nicht mal vor Ort! Nur ihre Mutter!
Ok, wir sind dann mit dem Hund in den Garten. Sie hat sich von keinem anfassen lassen. Der kleine Hund war total verschüchtert. Ohje….

Wir haben die kleine Maus dann mitgenommen, in der Hoffnung, dass wir es schaffen und wir ihr Vertrauen gewinnen.
Dort lassen wollten wir sie auf keinen Fall! Der Hund hatte definitiv etwas Besseres verdient.
Trixie ließ sich von der Dame nicht streicheln, zeigte sofort das Weiße im Auge – ohje, ohje....
Später hatten wir den Hund im Auto und ich hatte Angst vor meiner Entscheidung.
Ich dachte nur: „Ist das wirklich richtig? Schaffen wir das?"
Während der Fahrt war sie wirklich sehr brav. Sie lag vor dem Beifahrersitz im Fußraum zwischen Gabys Füssen.
Die Maus verträgt allerdings das Autofahren, auch heute noch, überhaupt nicht und hatte ihren Mageninhalt auf Gabys Schuhe entleert.
Ich fand das ehrlich gesagt ja ganz lustig... Gaby wohl eher nicht, was mir ihr Blick zeigte, mit dem sie mich bedachte als ich darüber schmunzelte.
Das bittere Erwachen kam dann zu Hause! Trixie kannte keine Erziehung.
Sauber?
Ein Fremdwort für sie!!!
Immer wenn ich länger als ein oder zwei Stunden weg war, hatte ich ein Rübchen oder ein Bächlein im Flur!
Es war echt zum Haare raufen.
Zudem war die Maus sehr ängstlich und ein „hibbeliges " Etwas.
Sie hatte keine fünf Minuten Ruhe im Hintern und war ständig in Bewegung, zudem sehr unsicher, denn sie legte sich

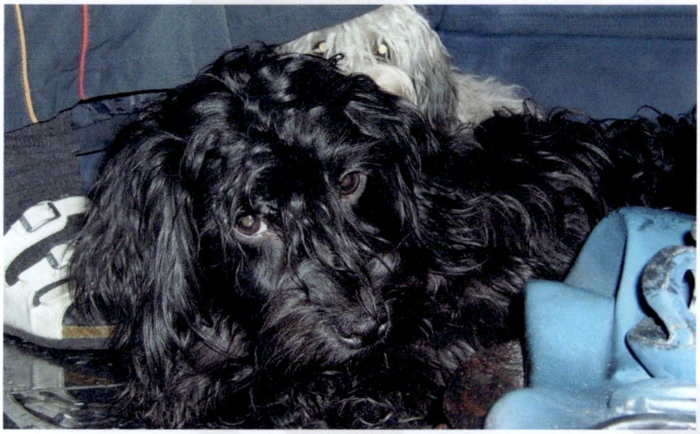

– auch heute noch – beim Rufen sofort auf den Rücken.
Sie ist sehr, sehr unterwürfig und immer darauf bedacht, nichts Falsches zu machen. Das führe ich auf schlechte Erfahrungen in ihrer vorherigen Familie zurück! Mittlerweile hat sich Trixie ihre Position im Rudel erkämpft. Ihr Selbstbewusstsein lässt jedoch immer noch ein wenig zu wünschen übrig.
Aber eine kleine Schmusebacke ist sie! Sie braucht sehr viele Streicheleinheiten und saugt jede Zärtlichkeit und Zuwendung auf wie ein Schwamm!
Nach ihrer ersten Hitze nahm die Unruhe bei ihr ab, sie ist jetzt viel ausgeglichener und erwachsener.

Yuki

Nachdem Trixie sich bei uns eingelebt hatte, stellte ich fest, dass 4 Hunde ja doch gar nicht soooooooooo viel sind.
Und ehrlich? Ich war dieser Rasse bereits bedingungslos verfallen!
Ich wollte also gerne noch einen fünften Hund.
Einen Welpen wollte ich dieses Mal haben!
Das Hundebaby sollte hier bei mir aufwachsen, alle Liebe und Zuwendung bekommen, die ich ihm geben kann und es sollte nicht die schlechten Erfahrungen machen müssen, die Franzi und Trixie gemacht hatten.
Nach langer Suche fanden wir dann einen Züchter.
Mit Transportbox bewaffnet und sehr aufgeregt machten wir uns auf den Weg.
Und dort kullerten und purzelten fünf Welpen durch die Gegend!
Ich war hin und weg und verliebte mich sofort in das kleine Mädchen mit den lustigen schwarzen Ohren.

Den Namen Yuki hatte meine Tochter ausgesucht. Das ist japanisch und heißt soviel wie „Prinzessin“.
Und das ist sie auch – eine richtige kleine Prinzessin!
Auch Klein Yuki wurde ohne Probleme in das Rudel aufgenommen!
Trudi nahm sich der kleinen Maus sofort als Ersatzmama an.
Yuki wurden die Äuglein und Öhrchen geputzt und komplett bemuttert.
Oft lag Yuki mit dem Köpfchen auf ihrer Ersatzmama und schlief tief und fest.
Aber haben sie sich schon einmal mit dem Thema: Havaeneser – wie werde ich stubenrein – auseinandergesetzt?
Ich weiß gar nicht, wie oft ich morgens barfuss in einer Pfütze gestanden habe.
Oder durch den doch sehr aromatischen Geruch eines frischen Hundehäufchens geweckt wurde.

Ich hatte schon überlegt mich bei „Wetten dass“ anzumelden. Mit der Wette: Ich erkenne fünf von zehn Häufchen am Geruch! Die Sauberkeitserziehung wurde einfacher, nachdem wir Yuki in der Nacht in einem Twister schlafen ließen. Ein Twister ist eine Nylon-Transportbox, die man auch ganz toll auf Reisen mitnehmen kann, da sie sich klein zusammen falten lässt. Diese Box also war ihr Schlafplatz und somit musste sie sich jetzt bemerkbar machen, wenn sie Geschäftchen erledigen wollte.

Als sie älter wurde, fing ihre Farbe an sich zu verändern. Die schwarzen Strähnen, die zu Anfang den ganzen Rücken bedeckt hatten, verschwanden vollkommen!

Dafür konnte man jetzt apricotfarbene Stellen erkennen. Auch die Ohren zeigten jetzt nur noch an den Spitzen die schwarze Verfärbung.
Yuki entwickelte sich prächtig!
Sie hatte in Trixie einen Spielkameraden gefunden mit dem sie so richtig toben konnte.
Mittlerweile ist sie erwachsen und einfach nur bildhübsch.
Sie hat ein Gesichtchen das immer aussieht, als würde sie lächeln!

Die erste Ausstellung – aus der Sicht von Trixie

Hallo, ich bin Long haired bears Monic, aber alle nennen mich Trixie.
Ist ja auch viel einfacher so.
Ich bin ein süßer schwarzer Havaneser, sagt jedenfalls mein Frauchen.
Heute Morgen hat der kleine Kasten auf dem Tisch neben dem Bett meines Frauchens schon ganz früh Krach gemacht.
Ich wollte eigentlich noch ein bisschen in meinem Körbchen liegen und vor mich hindösen, aber mein Frauchen hat Futter und andere Dinge von mir in einen Rucksack gepackt.
Ok, da bin ich dann doch ein bisschen neugierig geworden.
Jetzt gehen wir bestimmt gaaaanz lange Gassi, juchu!
Ich hab mich auch ganz doll gefreut und bin wie wild in der Küche rumgehopst.
Aber was will mein Frauchen denn mit den Kämmen und Bürsten? Die braucht man doch gar nicht zum Gassi gehen?!
Voller Skepsis hab ich meinen Schwanz erstmal auf halb acht sinken lassen und hab mir den Rest mal angeschaut.
Na ja, aber dann hat sie doch die Leine in die Hand genommen.
Da hab ich mir dann erstmal ein Loch in den Bauch gefreut!
Jippie, wir ziehen los!
Draußen war ich aber nicht mehr so begeistert, denn Frauchen hat den großen fahrenden Kasten aufgeschlossen.
Sie musste mich in den Kofferraum rein heben, denn ich hab

mich ganz steif gemacht.
Dieses Ding mag ich ja gar nicht leiden!
Das schaukelt immer so und mir wird dann immer ganz komisch im Bäuchlein.
Nützte aber nix! Wir sind dann losgefahren.
Vielleicht geht es ja zum großen Wasser, wo man so toll planschen kann!
Oder in den Wald! Da kann man immer so toll Stöckchen schleppen!
Es hat ganz lange gedauert, bis wir endlich angehalten haben.
Viel, viel länger als sonst!
Als dann die Klappe hochging, war ich baff!
Hier war ich ja noch nie!
Und dann sind hier sooooo viele andere Hunde!
Ich wollte sofort raushopsen, aber Frauchen hat mich zurück gehalten und mich erstmal angeleint. Auch gut!

Hauptsache ich konnte jetzt los düsen.
Wir sind dann in ein großes Haus gegangen und mussten erstmal in einer Schlange stehen.
Mein Frauchen hat dann komische Zettel bekommen und ein Schild mit einer Nummer. Die hat sie sich erstmal an den Pulli gesteckt, komisch!
Dann war da noch so ein Mann, der mir ein merkwürdiges Gerät an den Hals gehalten hat.
Es hat kurz gepiept und das war's dann auch schon.
Mein Frauchen hat dem Mann meine Papiere gezeigt (was immer das auch ist) und er die Nummer verglichen, die auf dem Gerät angezeigt wurde.
Wenn ihm so was Spaß macht, kann er das gerne machen. Hauptsache es tut mir nicht weh!
Dann ging es weiter!
Man war das aufregend! Vorbei an vielen Hunden, auch an ganz Großen!
Ich hab munter gewedelt und allen einmal „Hallo" gesagt!
Mein Frauchen hat sich dann an einen Tisch gesetzt und wisst ihr, was dann kam?!
Sie hat die Bürste und den Kamm ausgepackt!
Oh Schreck! Ich hab mich so erschrocken, dass ich mich gleich auf den Rücken geworfen habe!
Hat aber nix genützt!
Ok, dann eben „Augen zu und durch"!
Sie hat sich heute ganz viel Zeit genommen und überall gekämmt. Auch unter den Ohren ganz weit hinten! Da ziept es immer am schlimmsten! Gemein!
Wir haben dann eine ganze Weile gewartet.

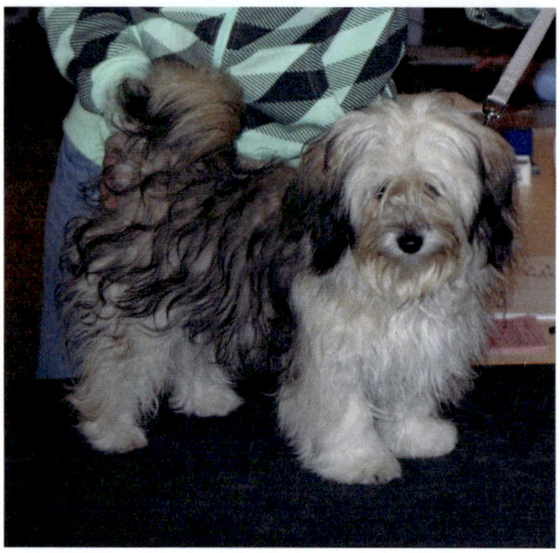

Mein Frauchen hat sich etwas zu Essen geholt und mir auch meinen Napf mit Futter und Wasser hingestellt.
Ich war aber viel zu aufgeregt um zu fressen.
Vor lauter Nervosität musste ich mich immer wieder hinterm Ohr kratzen.
Frauchen fand das gar nicht lustig und hat mich immer wieder gestört.
Aber wenn es doch juckt!
Irgendwann hat dann ein Mann eine Nummer aufgerufen und wir sind aufgestanden.
Schön, endlich raus hier!
Aber so war es nicht. Wir sind dann zu zwei Männern gegangen und Frauchen hat ihnen eine Mappe mit meinen Papieren gegeben.
Und wisst ihr, was dann passiert ist?!
Frauchen hat mich auf einen Tisch gestellt!
Nanu, was geht denn jetzt hier?

Dafür werde ich zu Hause immer geschimpft. Ich habe die Welt nicht mehr verstanden.
Der eine Mann fing dann auf einmal an mich am ganzen Körper abzutasten. Hey, das fand ich ja gar nicht toll!
Ich habe dann auch den Kopf gedreht und geschaut, was der denn da so alles anstellt.
Mein Frauchen hat den Kopf aber wieder nach vorne gedreht. Spielverderber!
Und dann kam die Krönung! Schnappt der eine Mann sich doch meine Schnauze und schaut sich meine Zähne an!
Bei meinem Frauchen haben sie das nicht gemacht!
Dann ging es wieder runter vom Tisch. Gott sei dank!
Ich habe dann vor lauter Erleichterung erstmal kräftig gewedelt.
Wir sind dann losgegangen, aber merkwürdig – immer im Kreis!
„Was ist denn nur mit meinem Frauchen heute los, dass sie sich so komisch benimmt“, hab ich mir gedacht.
Die zwei Männer haben dann miteinander gesprochen und meinem Frauchen dann zu „so einem tollen Hund“ gratuliert.
Super, oder?! Die haben damit nämlich mich gemeint.
Sie haben uns dann auch noch einen goldenen Fressnapf auf Stiel gegeben. Warum der allerdings einen Deckel hat, kapiere ich nicht. Da kann ich doch gar nicht ans Futter ran.
Und das habe ich dann auch wieder in meinen alten Napf bekommen. Fand ich echt blöd!
Mein Frauchen hat ihn zu Hause dann auch ins Regal gestellt. Ganz oben hin.
Na toll, so komm ich gar nicht dran!

Jetzt wollte ich dann aber erst mal nach draußen. Das haben wir dann auch gemacht und mein Frauchen ist mit mir spazieren gegangen.
Wäre dann ja mal Zeit gewesen nach Hause zu fahren. Ich bin ganz brav zu der rollenden Kiste marschiert, aber was soll ich euch sagen: wir sind noch mal in das Haus rein.
Och nö, das wollte ich nicht mehr so gerne. Ich war müde und hatte echt keine Lust mehr auf den ganzen Trubel.
Na gut, bin ich eben hinter Frauchen her getrottet. Begeistert war ich nicht. Das hab ich dann natürlich zum Ausdruck gebracht, indem ich meinen Schwanz am Boden hinter mir her gezogen habe.
Was soll ich euch sagen: wir sind jetzt mit vielen kleinen Hunden wieder im Kreis gelaufen!
Dabei war doch draußen so viel Platz! Ich hab natürlich immer an den anderen Hunden schnuppern wollen. Durfte ich aber nicht!

Dann hebe ich auch meinen Schwanz nicht hoch. Basta!
Zum Schluss war hinstellen angesagt. Leute, ich war müde!
Natürlich habe ich mich erst einmal eine Runde hingelegt.
Das fand mein Frauchen glaube ich gar nicht so gut.
Sie hat mich immer wieder aufgehoben, meinen Schwanz über den Rücken gelegt!
Hey, das mach ich nur wenn ich will!
Hier haben dann ein paar andere noch so einen Fressnapf auf Stiel bekommen.
Ehrlich?!
Was soll ich auch damit, wenn ich eh nicht draus fressen darf?!
Jetzt bin ich endlich wieder zu Hause!
Ich liege total erledigt auf meinem Kissen und will nur noch meine Ruhe.
Das nächste Mal kann Frauchen alleine fahren!
Es sei denn, wir können über das Thema „Fressnapf auf Stiel " noch mal reden!

Ausstellungsbesuch

Jetzt war ich natürlich neugierig geworden. Ich wollte auch einmal eine Ausstellung besuchen!
Natürlich hatte ich von Tuten und Blasen keine Ahnung!
Ich wusste, dass ca. 10 km entfernt eine Ausstellung geplant war.
Und ich dachte mir: „Komm, lass es uns einfach versuchen!“

Wir haben uns dann am Sonntagmorgen mitten in der Nacht (es war gerade erst 9.00 Uhr) aus dem Bett geschält. Trixie - auf sie ist das Los gefallen - hatten wir abends zuvor schon schön gekämmt, alle Unterlagen waren eingepackt – es konnte losgehen!
Nachdem unser Navi zweimal nicht wusste, wo wir denn jetzt hin wollten, waren wir endlich da. Wir bekamen unsere Unterlagen und ich musste mich zuerst einmal durchlesen.
Die Mappe enthielt einen Richterbericht, eine Anwartschaftskarte und eine Nummer. Die Nummer hab ich mir zuerst einmal auf meinen Arm gepappt. Zumindest damit wusste ich etwas anzufangen.
Nach ewiger Zeit – es waren bestimmt schon gefühlte zwanzigtausend Teckel im Ring – wurden wir bzw. unsere Nummer aufgerufen.
Ich muss gestehen, ich habe vorher schon zweimal gestanden, jedoch entpuppte sich die aufgerufene Nummer als das bestellte Essen eines Ausstellungsbesuchers….

2009
Europa
Sieger Schau

Völlig aufgeregt bin ich dann mit Trixie, diese hinter mir her ziehend, in den Ring. Vor lauter Aufregung segelte der Inhalt der Ausstellungsmappe zunächst mit lautem „Wusch" auf den Boden.

Ok, so hatte ich zumindest die Aufmerksamkeit auf mich gerichtet.

Trixie sollte auf den Richtertisch und ich erklärte der Zuchtrichterin, dass es sich um unsere erste Ausstellung handelte und ich wirklich überhaupt nicht wüsste, was von uns verlangt wird.

Die Richterin war mehr als nett....

Sie erklärte mir sehr genau, was sie jetzt macht und wonach sie schaut. Dann mussten Trixie und ich noch im Ring laufen und – fertig!

Die süße Maus bekam direkt bei ihrer ersten Ausstellung den Titel Jugendsieger und ich schwebte den ganzen Tag noch ca. 10 cm über dem Boden!!!

Trudi ist schwanger

Jetzt hatten wir jede Menge Hunde, alles hatte sich prima eingelebt, es waren die ersten Ausstellungen mit Erfolg besucht – jetzt fehlten nur noch:

Die ersten Welpen!

Wir hatten lange gesucht und uns für einen Deckrüden von Katja Wenz in St. Ingbert entschieden!
Kano of Moonflower sollte der Papa unserer Babies sein!
Wir telefonierten, machten einen Termin aus und fuhren hin.

Es war ein sehr herzliches Willkommen mit einer Tasse Kaffee.
Für uns gab es eine Mappe des Rüden mit Ausstellungserfolgen, Ahnentafel und Untersuchungsergebnissen.
Derweil beschnupperten sich die Beiden!

Trudchen ist ja für einen Havaneser von der Größe schon im oberen Viertel angesiedelt. Sie hat eine Schulterhöhe von 27 – 28 cm.
Kano (Rufname Spike) hat nur eine Schulterhöhe von 21-22 cm.
Das wurde von uns auch so ausgesucht! Nur hatte keiner in diesem Moment an die Konsequenzen gedacht!!!

Das heißt auf Klartext:
Ein kleiner Rüde steht hinter einer großen Hündin und will – weiß aber nicht wie!!!
Ich kann ihnen sagen, ich habe fast die Tischkante rund gebissen.
Der Mann von Katja war sehr erfahren und hatte den Beiden Hilfestellung gegeben!
Spike hatte also ein Kissen zum Draufstellen bekommen.
So war er ein paar Zentimeter größer – vorne!
Das Kissen ist auf dem glatten Boden während der Kopulation aber nach hinten abgedriftet.

Wir waren dann mit drei Mann beschäftigt, dass Spike

a)die richtige Höhe hatte
b)richtig aufsaß und keine Luftlöcher schoss
c)nicht weg rutschte

Und dann kam unerwartetes d)
Es hatte funktioniert, aber Spike hing nicht in Trudi!!!!
Ich kann nur soviel sagen, man hätte fast den Notarzt holen müssen, mich wieder beleben, was auch immer! Das kann ja wohl nicht wahr sein! Der Zeitpunkt war perfekt – 11. Tag!
Ok, Katja meinte, es könnte eventuell am Tag gelegen haben. Na, denn, man hat ja sonst nix zu tun, wir wollten eh zweimal kommen.
Also zwei Tag später und das gleiche Spiel! Nix mit hängen!

Ich versprach meiner Hündin mental schon zwei Wochen Einzelhaft….
Dann, zwei weitere Termine ohne Hängen …
Ohje…

Aber – oh Wunder - Trudchen und Spike haben am 20.01.09 sechs wunderschöne Babies bekommen.

Die Schwangerschaft

Soooo, Trudchen war gedeckt und ich war neugierig.
Ich glaube, ich habe den Hund jeden Tag auf den Rücken gedreht, weil ich „dachte" ich sehe Veränderungen!
Dann passierte Folgendes:
Ich hatte Trudchen und Co. wie immer in den Garten gelassen, kam kurze Zeit später dazu und dachte: "Mensch, was schnuffelt die denn da im Gras?!"
Ich ging hin und fiel fast in Ohnmacht! Das was ich da liegen sah, waren fünf Embryonen! Ich war total geschockt!

Sofort machte ich ein Foto, rief Gaby und berichtete ganz traurig von dem Fund. Schade…. Alles umsonst….
Aber…. Trudi wurde immer dicker und dicker… Das kann ja wohl nicht sein.
Ich hatte sofort einen Termin zum Ultraschall ausgemacht und siehe da….. zu sehen waren sechs quietschvergnügte Welpen
Eine Katze hatte wohl einen Abgang in unserem Garten!!! Schlimm genug!
Die Schwangerschaft von Trudi verlief prima! Aber dann war Trudi zwei Tage überfällig – drei Tage…
Am 67ten Tag war es dann endlich soweit!

Die Geburt

Ich hatte schon Tage zuvor gewartet…
Immer wieder dachte ich: „Jawohl, jetzt ist es soweit." Die Ernüchterung folgte prompt. Nix war….
Auf jede kleine Veränderung schaute ich! Oh, jetzt geht es los – Trudi frisst nix mehr. 10 Minuten später wurde der Futterautomat gelehrt! Ich hab es schon nicht mehr geglaubt…
Aber dann, ich wurde gegen zwei Uhr nachts wach und sah schon zwei Babys!!!! Oh nein – das alles ohne mich! Ich hatte es glatt verpennt!

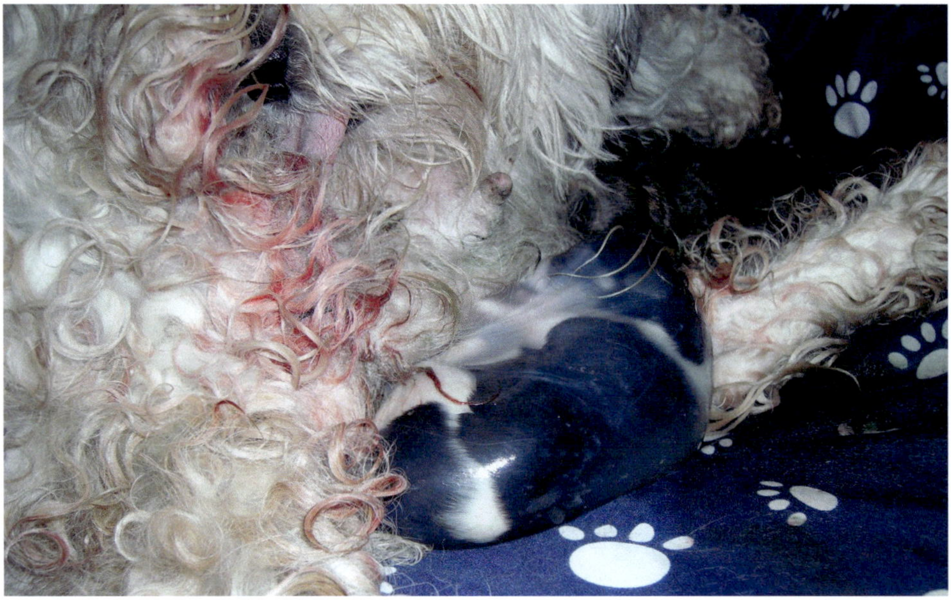

Von zwei bis halb fünf gab es dann insgesamt sechs Babys.
Ein Rüde schneeweiß, zwei Rüden braun-weiß, eine Hündin classic tricolor, eine Hündin schwarz-weiß und eine Hündin goldbrindle.
Und in letztere Hündin hatte ich mich sofort verliebt!
Trudi schaffte alles prima.
Nur bei dem letzten Welpen … dem dicken Aramis … brauchte sie meine Hilfe. Ich wartete die nächste Wehe ab und drückte mit!
Und mit einem „blubb“ schaffte der Welpe zur die Welt zu kommen.
Eine wirklich tolle Erfahrung.
Trudi hatte fast die ganze Nachgeburt aufgefressen.
Dies ist sehr wichtig, enthält sie doch sehr viele Nährstoffe!
Die Welpen fanden alle die Milchbar und wir konnten endlich … total müde … ins Bett gehen!

Die Welpen sind da

Jetzt waren sie da – unsere Welpen!
Eine Wurfbox stand im Schlafzimmer neben meinem Bett und eine neben der Küche, damit ich die Kleinen immer im Blick hatte.
Die Nächte waren allerdings die Hölle! Es war Winter, also musste das Fenster zu bleiben und die Heizung bollerte mir muntere 23 Grad ins Zimmer.
Dazu sechs schmatzende und quietschende Hundebabys und weitere fünf erwachsene Hunde, die „die Reise nach Jerusalem " spielten.
Kurzum: es war eine Unruhe im Schlafzimmer und ein Gestank wie im Pumakäfig!
Morgens gab es jedes Mal folgendes Ritual:
In einen großen Einkaufkorb wurden alle sechs Welpen gepackt und nach unten zur anderen Wurfbox getragen.

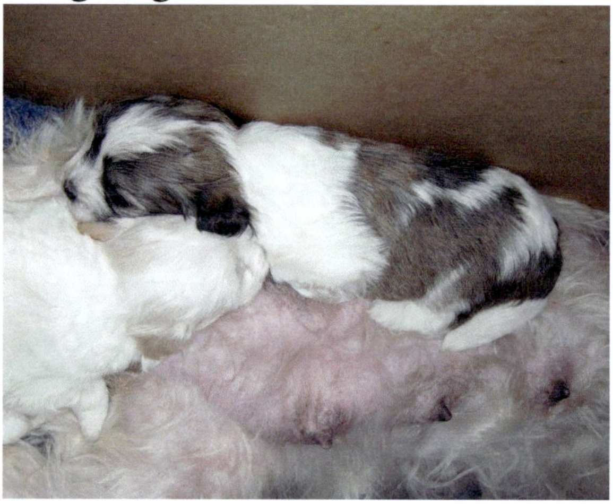

Die ersten zwei Wochen war das auch kein Problem. Jedoch als die Bande dann größer wurde und versuchte, wieder aus dem Korb herauszukrabbeln....
Mit 4 – 5 Wochen ist die ganze Bande dann umgezogen, eine Etage tiefer ins Welpenzimmer.
Hier war dann auch eine große Wurfbox und davor ein Freilauf!
Jetzt konnten die Räuber so richtig aufdrehen!
Das Welpenfutter, was es ab jetzt dazu gab, nahmen sie gerne an.
Nur wollte es ab und an mit der Verdauung nicht so recht klappen.
Und so konnte es schon mal passieren, dass ein Welpi einen „Knödel" am Po mit sich herum trug.
Also, den Kleinen einsammeln und den Popo unter den Wasserhahn!

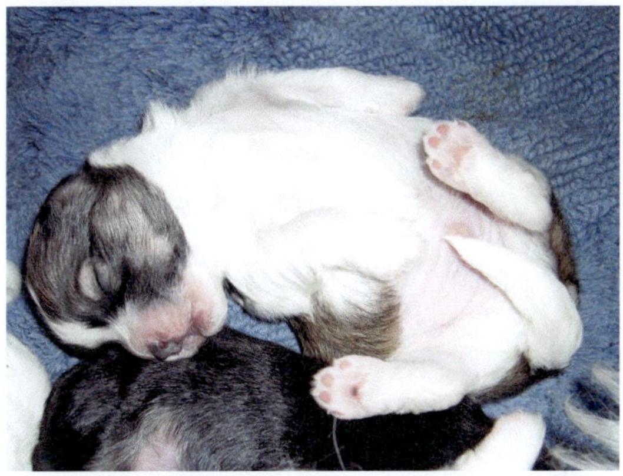

Ich kann Ihnen sagen, ein Gequietsche, als wenn ich Salzsäure über den Hund geschüttet hätte.
Nach ein paar Tagen hatte sich das dann aber auch eingespielt.
Die Welpen durften jetzt auch hinaus in den Garten und das war natürlich sehr aufregend für sie .... für mich auch!
Unsere Clematis wurde zunächst einmal zu Konfetti verarbeitet und der Bachlauf wurde als Rutschbahn genutzt!
Es ist schon bemerkenswert, wie viel Unsinn solch kleine Hunde im Köpfchen haben.
Je älter sie wurden, umso näher rückte natürlich auch die Zeit des Abschiednehmens.
Mit 10 Wochen zogen die Racker dann in ihr neues Zuhause um und plötzlich war es sehr, sehr leer im Haus....

Zwei Welpen bleiben....

Schon vor der Geburt waren wir uns einig: Ein Rüde des Wurfes sollte unser zukünftiger Deckrüde werden!
Als dann Aragorn mit dieser wunderschönen Zeichnung zur Welt kam, bin ich jubelnd durchs Zimmer gehopst. Meiner Tochter wollte ich am nächsten Tag die Neuigkeit erzählen, worauf sie nur abwinkte und sagte: „Ich weiß, ich weiß! Braun-weiß! Es war nicht zu überhören!“
Der kleine Racker sollte jedoch nicht bei uns im Haus bleiben. Den Stress wollte ich weder mir noch dem Rüden zumuten. Man bedenke: es werden fünf Hündinnen zweimal im Jahr läufig! Der Arme bekäme ja einen Herzkasper!
Also zog Aragorn zu meiner Freundin ganz in unserer Nähe. Dort hatte er auch sofort einen Spielkameraden, denn sie hatte bereits einen kleinen Hund. Die Beiden sind mittlerweile prima Freunde und gehen durch Dick und Dünn!
Tja … und dann war da ja noch die Hündin in gold-brindle, in die ich mich zu Anfang verliebt hatte. Aber der Verstand sagte: fünf Hunde sind genug.

Ok, mit einem dicken Seufzer wurde sie dann von ihrem neuen Frauchen abgeholt. Doch leider verlief die ganze Sache dann doch anders als geplant. Die Besitzerin war mit dem Welpen, es war ihr Zweithund, vollkommen überfordert. Und so rief sie uns dann nach sechs Wochen an, dass sie nicht mehr weiter weiß.

Das war doch jetzt ein Wink des Schicksals! Arwen bzw. Wilma sollte bei uns bleiben! Voller Freude nahmen wir die kleine Zuckerschnute wieder bei uns auf! Doch – ohje – der Welpe hatte schon seinen ersten (zum Glück nicht ganz so schlimmen) Frisörbesuch hinter sich!

Zum Glück wächst das Fell ja….

Trudchen widmete sich ihrem Welpen sofort wieder und Wilma wurden kräftig die Ohren und Äuglein gesäubert.

Und in Yuki hat Wilma eine tolle Freundin gefunden und die zwei fegen hier über die Wiese. Mittlerweile ist Wilma 1 Jahr alt und hat sich zu einer wunderschönen kleinen Dame entwickelt!

Welpentreffen

Die Welpen waren jetzt fast ein halbes Jahr alt und wir wollten sie doch gerne einmal alle wieder sehen!
Wir planten also ein Welpentreffen!
Die Begeisterung war groß und schnell war dann ein Tag gefunden, an dem (fast) alle kommen konnten! Wir wollten im Garten gemütlich Kaffee trinken und gegen Abend grillen. Gaby und ich hatten einen Tag zuvor ein 8 Meter langes Gartenzelt aufgebaut. Danach wäre ich eigentlich schon reif für die Insel gewesen. Bis wir das ganze Gestänge verwurstelt hatten und dann versuchten, das komplette Gebilde auf die Stützen zu stellen. Gruselig!!!
Vorne zwei Stangen verstöpselt, hinten drei Stangen wieder raus! Zum Schluss das Ganze dann ordentlich mit Heringen verankert. Das hält!

Am nächsten Tag trudelten dann auch nach und nach alle Hundis mit ihren Frauchen und Herrchen ein. Es war ein großes Hallo und Bestaunen! Wie sich die Bande entwickelt hatte – toll! Es wurde Kaffee getrunken und lecker Kuchen gegessen und natürlich erzählt, erzählt, erzählt. Nur das Wetter meinte es dann auf einmal nicht so gut mit uns. Ein Gewitter zog auf, gefolgt von Sturmböhen.

Auf einmal spannten sich die Verankerungen des Zeltes, es gab einen Ruck und das ganze Zelt setzte sich in Bewegung! Elegant ist es einfach hinter der Kaffeetafel gelandet! Also, das am Tag zuvor so mühsam aufgebaute Zelt wurde innerhalb von kürzester Zeit wieder auseinander gebaut und vertütet!

Das Wetter hatte dann doch Nachsicht und wir konnten noch gemütlich grillen! Snickers und Aragorn waren gegenüber der kleinen Ronja ein wenig aufdringlich. Ständig wurde mit ihr gebalgt und gerangelt. Wir hatten ein kleines Planschbecken aufgestellt und Ronja war der einzige Hund, der mit Begeisterung hier herumplanschte.
Wenn es der Maus dann zu bunt wurde, verkrümelte sie sich also einfach ins Becken und die beiden Herren standen recht ratlos davor!
Wir saßen noch lange zusammen und bestaunten die Hunde und lachten über lustige Erlebnisse.
Es war ein wirklich gelungener Tag für alle Zwei- und Vierbeiner!

Unser Belgienurlaub mit sechs Hunden

Tja, da hatte ich erst vor kurzem mein Cabrio in einen Familien-Van umgetauscht und dann kam die Frage: Wohin im Urlaub?

War ja eigentlich kein Problem! Wir hatten ja den Van!

Aber wer nimmt sechs Hunde in seinem Ferienhaus auf?

Bei den Anfragen sind wir sehr schnell von der Nennung der Anzahl auf ein unverbindliches „wir haben kleine Hunde " übergegangen.

Und siehe da – wir fanden eine tolle Ferienunterkunft. Ein schnuckeliges Ferienhaus in Adinkerke - De Panne / Belgien.

Das Ferienhaus lag in einem Park in der Nähe der Dünen. Es war umzäunt und für uns somit ideal. Zum Strand sollten es ca. 600 m sein. Kein Problem dachten wir. Also, wir hatten alles eingepackt: Sonnenschirm, Strandmuschel, Badetücher, Lektüre … und los ging's.

Durch die Dünen … es war brütend heiß!

Nach einer dreiviertel Stunde machten wir Pause – den Hunden hing die Zunge auf der Erde, ich war kurz vorm Herzkasper bzw. Hitzschlag. Und vor - uns Dünen, Dünen und nochmals Dünen. Schorschi legte sich voller Verzweiflung unter einige Grashalme. Fünf Minuten Pause waren vorbei. Ich hatte mich nicht getraut von dem mitgenommenen Wasser zu trinken. Die Hunde könnten ja noch Durst bekommen. Ich fühlte mich mittlerweile wie in einem schlechten Film. Die Sonne stand senkrecht am Himmel und wir torkelten durch

die Dünen. Wir waren mittlerweile 2 Stunden unterwegs und immer kam nach der erkraxelten Düne ... die nächste Düne! Ich hatte schon Visionen und dann – endlich – Häuser!! Juchu! Wir hatten es geschafft! Aber dann ... wir waren noch lange nicht am Strand.... Der Sonnenschirm und die Tasche hatten mittlerweile nicht wieder entfernbare Druckstellen in meine Schulter gebohrt. Tapfer schleppte ich mich Schritt für Schritt vorwärts.
Und dann waren wir da....
Ihr glaubt es nicht.... Ich packte alles aus, legte mich hin ...und just in diesem Moment kam die Flut!!!
Ruckzuck war das kleine Stückchen Strand an dem wir lagen weg! Wir waren einfach absolut zur falschen Zeit am falschen Platz. Also alles wieder eingepackt und auf den Heimweg. Wenn ich nicht die Geldbörse zu Hause vergessen hätte, hätte man mit der S-Bahn fahren können. Mir war die Länge des Hinweges wohl irgendwie ein wenig entfallen.
Es war weit ... sehr weit!!! Aber irgendwann kamen wir an. Das letzte bisschen Wasser unterwegs von unsern Hunden getrunken, fühlten wir uns, als hätten wir die Wüste Gobi durchquert. Und das alles wäre uns erspart geblieben, wären wir 2 km weiter westlich nach Frankreich an den Strand gefahren! Dort gibt es direkt einen Hundestrand! Die Mäuse hätten dort prima laufen können! Na ja, man kann nur lernen!

Zudem, überall wo wir auftauchten, waren wir eine kleine Sensation!
Sechs Hunde – eine Rasse!

Und dann kam unser „Aha-Erlebnis“ am Strand! Unsere Hunde mögen es prinzipiell nicht, wenn Personen schnell auf sie zulaufen.
An diesem Morgen kamen uns zwei Bademeister am Strand entgegen gelaufen.
Ich schon gedacht „oha“ und hatte noch nicht ausgedacht … in diesem Moment laufen Yuki und der Rest laut bellend auf die Beiden zu.
Ich hatte laut rufend versucht, die Bande zurück zu pfeifen. Der eine Bademeister blieb stehen und lachte und der andere lief hüpfend und voller Panik ins Meer.
Ok, Yuki fand das natürlich lustig und verstand es als Spiel und rannte kläffend hinterher. Ich Ihnen kann sagen: ich war fix und foxi!
Wir haben uns dann wirklich nur noch ganz, ganz einsame Hundestrände ausgesucht!

Deckakt mit Yuki

Soooo, Yuki war zum zweiten Male läufig.
Alles war bestens geplant – wir hatten einen tollen Deckrüden ausgesucht.

Ich hatte natürlich schon ganz zu Anfang geschaut und jeden Tag gewischt, ob nicht doch schon ein Blutstropfen zu sehen ist!
Und dann, endlich! Es war soweit!
Mein Zewa war rot!
Ich kann Ihnen sagen, man ist schon langsam leicht bekloppt, wenn man sich über ein schmutziges Zewa freuen kann.

Egal, ich rief auf jeden Fall bei Ulla an:
Es ist soweit! Wir kommen am Samstag zum Decken!

Am Samstagmorgen um sieben Uhr - mitten in der Nacht – sind wir dann aus dem Bett gekrochen...
Yuki bekam dann ihre Reisekrankheitstablette in Teewurst verpackt ins Mäulchen befördert. Ihr wird es nämlich bei jeder Autofahrt so übel, dass sie sich dann die ganze Sache noch mal durch den Kopf gehen lässt!
Und los ging's.
Um viertel nach zehn waren wir dann in Aachen bei Ulla.
Und ich wäre nicht die Petra, wenn jetzt alles glatt gelaufen wäre!

Emil sollte decken, wollte aber nicht …
Wir hatten alles probiert … er nur geschnuppert, kurz geleckt … und dann war er weg!
Yuki ist die ganze Zeit um ihn herum scharwenzelt, hatte sich angeboten, ihm den Poppes ins Gesicht gedrückt.... Nix!
Na prima ....
Ulla hatte ihm extra den Bauch rasiert und er konnte sich mit seiner Nacktheit wohl nicht so richtig abfinden. Er war jedenfalls sehr mit seinem Bäuchlein beschäftigt.
Ok, nützt ja nix … Also waren wir uns dann einig: Albert sollte seine Stelle übernehmen!
Ulla hatte also Albert geholt, die Tür geöffnet und der kleine Mann machte sich sofort an Yuki heran.

Aber von wegen .... wir hatten dann ja geschaut … der Junge war gar nicht drin.

Er saß nicht weit genug auf und schoss ständig Luftlöcher....
Haben Sie schon einmal drei erwachsene Frauen auf dem Boden herumkrabbeln sehen, die versucht haben zwei Hunde miteinander zu verpaaren?
Ich kann Ihnen sagen - wir waren schon eine Lachnummer!
Albert hatte sich jedes Mal so verausgabt, dass er fast einen Herzkasper erlitten hatte.
Ich hatte Yuki hinten angehoben, Ulla hielt dann bei Albert die Haare am Bauch zusammen und Gaby schaute und tastete, ob er denn jetzt drin war.
"Und? Isser drin?" - "Ja - nein, jetzt isser wieder draußen."
Um halb drei, nach einigen Pausen, ist es Albert endlich gelungen!
Damit er nicht wieder rausflutscht, hat Ulla die Beiden dann kräftig zusammengehalten.
Zehn Minuten hingen die Beiden dann noch ineinander und ich war dann erstmal erleichtert!
Meine Nerven sollten auf jeden Fall mit schönen Babies belohnt werden!

Trixie wird gedeckt

Trixie sollte ja eigentlich schon vor Yuki soweit sein!
Es war auch alles Bestens geplant, denn sie sollte ja im Sommerurlaub ihre Hitze haben.
Tja, deswegen wurde ein Ferienhaus in Belgien angemietet, ein Rüde zwischen Mainz und Belgien ausgesucht – es sollte sowohl im Urlaub klappen können, als auch zu Hause!
Aber Trixie machte uns komplett einen Strich durch die Rechnung!
Und wenn ich komplett schreibe, dann meine ich auch komplett!

Die Zeit der Läufigkeit rückte näher!
Ich war schon unterwegs und hatte brav in der Babyabteilung Bodies gekauft!
Die sollte Trixie am Strand tragen, damit nix passieren konnte.

Wir fuhren mit sechs Hunden in den Urlaub!
Alles war prima – nur Trixie nicht heiß!

„Ok – prima“, dachte ich, „ Trixie denkt an uns und will uns unseren Urlaub nicht vermiesen.“
Doch als wir zu Hause waren, war sie immer noch nicht läufig.

Ich hatte mittlerweile mit einer befreundeten Züchterin telefoniert und die fragte mich:
„War sie denn beim letzten Mal scheinschwanger?“
und ich antwortete: „Ja!“
„Na denn, dann kannst du noch mal ca. 2 Monate drauf rechnen!“

Es zog sich!
Ende November war es endlich soweit! Trixie war läufig!
Am elften Tag fuhren wir los!
Aber … der Rüde kam, schnüffelte … Trixie knurrte – und weg war er! Oh, nein! Ich habe dann Trixie am Halsband fest gehalten – nix!
Sobald sie auch nur kurz knurrte, war der Rüde weg.
Gut – es musste ein anderer Rüde her!
Und dann dachte ich an Spike – den Papa von Trudis Welpen!

Ich rief ganz schnell bei Katja an: „Houston, wir haben ein Problem!"

„Nicht schlimm!", meinte Katja. „Lässt sie sich denn festhalten?"
„Ja, das geht!" „Dann schaffen wir das!"

Ich bin dann zu Katja und Spike gefahren und meine erste Tasse Kaffee wurde kalt.
Es hat nämlich viel, viel schneller geklappt, als ich es mir hätte wünschen können!

Och ja – Spike heißt übrigens „Kano of Moonflower" und ist im Besitz von Familie Wenz in St. Ingbert!

Die Geburt von Yuki´s Welpen

Nachdem Yuki gedeckt war, konnte ich es nicht mehr abwarten, mit Sicherheit sagen zu können: jawohl, Yuki ist tragend! Bereits nach zwei Wochen wurde der arme Hund täglich untersucht. Jede kleine Veränderung deutete ich auf eine Trächtigkeit! Nach Weihnachten konnte ich es dann nicht mehr aushalten und ich fuhr in die Tierklinik zum Ultraschall.

Und hier bestätigte es sich: Yuki wurde Mama! „Zu 100 % sehe ich vier Welpen“, sagte die Tierärztin, „Es können aber auch mehr sein.“ Die Zeit der Warterei begann. Yuki hatte einen gesunden Appetit und wurde langsam kugelrund. Im letzten Drittel der Schwangerschaft mischte ich ein Präparat aus Himbeerblättern unter ihr Fressen. Zudem bekam sie täglich Pulsatilla. Die Präparate sollten ihr die Geburt erleichtern.

Um den 58 Tag wurde die Wurfbox in der Diele aufgebaut.
Yuki hüpfte ab und an hinein und begann Nester zu bauen. Ich dachte schon: “Heute geht es los!“ Aber dann wurde der Futternapf wieder geräuschvoll geleert. Am 63.ten Tag veränderte sich ihr Verhalten.
Sie hechelte den ganzen Tag, saß oft in ihrer Wurfbox und war zu nichts anderem mehr zu bewegen. „Heute ist es soweit“, dachte ich.

Doch der Abend kam und nix war.
Nachts um kurz nach eins wurde ich durch das Werkeln von Yuki in der Wurfbox wach. „Na prima, schon wieder eine Geburt mitten in der Nacht!“ Um 01:37 kam dann der erste Welpe ganz ohne Probleme zur Welt. Yuki versorgte ihn perfekt und leckte ihn sauber.

Doch dann .... es wurde 2 Uhr, es wurde 3 Uhr ... und kein Welpe kam. Gaby wurde schon langsam panisch und wäre am liebsten in die Tierklinik gefahren. Ich beruhigte sie zunächst und fühlte dann bei Yuki, ob vielleicht ein Welpe im Geburtskanal steckt. Der war jedoch frei und auch die Hündin war fit.

Also hieß es: weiter warten!
Nach drei Tassen Kaffee kam dann um 4:20 Uhr endlich der zweite Welpe.

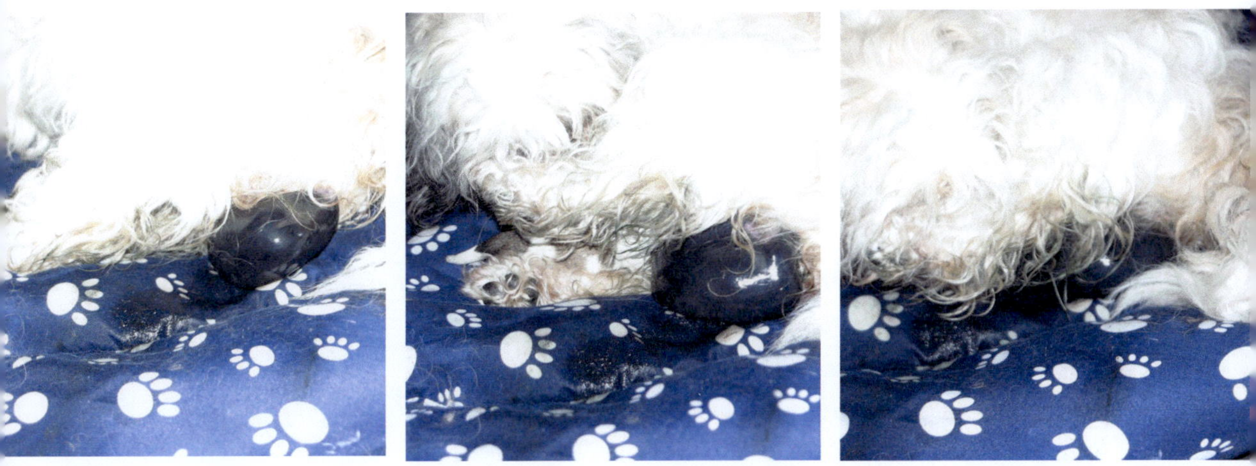

Und so folgten dann nach und nach die restlichen Babies, bis dann schließlich um 06:40 Uhr der siebte Welpe das Licht der Welt erblickte! Mit sieben Babies hätten wir nicht gerechnet.

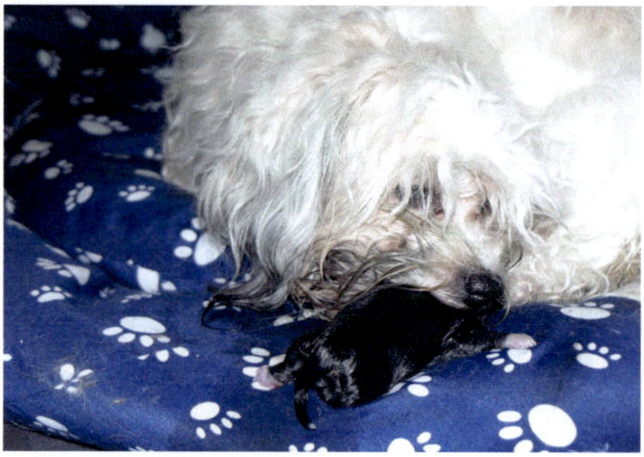

Am nächsten Abend zogen dann Yuki mit ihren Welpen und ich ins Gästezimmer. Natürlich war hier bisher keine Heizung an und es war schließlich Januar und bitterkalt. Deswegen wurde dann das Thermostat erst einmal auf fünf gestellt. Wegen der Nachtabsenkung hat das natürlich nicht viel genützt.

Doch gegen fünf Uhr morgens wurde ich durch einen Traum wach, indem ich die Wüste Gobi durchquerte. Es war mittlerweile eine brütende Hitze im Zimmer, die Nachtabsenkung war vorüber und die Heizung blubbert auf Stufe 5 ca. 30 Grad ins

Zimmer.

Yuki saß laut hechelnd in ihrer Wurfbox und sah mich ganz verzweifelt an. Nachdem die Hündin und ich zwei Liter Flüssigkeit zu uns genommen hatten, konnten wir uns wieder schlafen legen. Die Heizung hatte ich zuvor natürlich ausgeschaltet!

Cuba, ein Welpe von Trudi, ist auf Urlaub!

Kirsten wollte heiraten!
Nur Kirsten heiratet ja nicht irgendwo! Nein, Kirsten heiratet auf Cuba!

Sie hatte ja schon ganz zu Anfang gefragt, ob Cuba in dieser Zeit bei uns Urlaub machen kann! Na klar – kein Problem!

Die Zeit der Hochzeit kam und somit auch Kirsten! Neben Cuba hatte sie die gut sortierte Abteilung eines Tiergeschäfts für Hunde dabei! Ein Körbchen für den Tag ein Körbchen für die Nacht, viele Leckerchen, Dosen, Trockenfutter usw.

Ok, unter großem Schmerz hat sie sich dann von Cuba verabschiedet. Ich kann es voll und ganz verstehen, denn wenn man soooo einen süßen Knopf immer um sich hat, dann fällt der Abschied wirklich schwer.

Meine Rasselbande stand dann am nächsten Tag vor der Tür und wollte raus in den Garten. Cuba natürlich auch! Ich öffnete und alle sind die Treppe hinunter gestürmt – bis auf Cuba! Er konnte ja bisher noch keine Treppen laufen!

Wilma ist zwar gleichalt, aber sie konnte das schon sehr gut! Klar, wenn eine ganze Meute vorläuft, dann läuft die kleine Maus hinter her! Aber Cuba lernte so innerhalb von einem Tag durch „learning by doing" Treppen hoch und runter laufen!

Jetzt kam das Problem – Cuba war zu Gast – und ich hatte drei heiße Hündinnen!

Das heißt: Cuba konnte hier nicht alleine bleiben!
Na gut, dann kam Cuba eben mit zur Arbeit! Und er entwickelte sich zu einem richtigen Büro-Maskottchen!
Ganz brav lag er im Zimmer, begrüßte jeden Neuen und freute sich wie ein Schneekönig, wenn ich mittags die Leine in die Hand nahm, um mit ihm Gassi zu gehen.

Zu Hause angekommen, fand ich es schon sehr erstaunlich, wie schnell er sich an das Rudel gewöhnt hatte. Ich ließ ihn aus dem Auto und die Meute im Haus schlug an! Cuba lief dann so schnell er konnte zur Haustür und bellte und die Rasselbande auf der anderen Seite bellte auch. Einfach toll, wie schnell das Rudel Cuba aufgenommen hatte.

Schorschi und seine große Katzenliebe

Schorschi ist schon ein ganz besonderer Hund.

Damals lebte noch unsere Katze Chili mit in unserem Haushalt.
Es war eine wunderschöne rot-weiße Katzendame. Sie kam als kleines Katzenkind zu uns und wurde sofort von Schorschi bemuttert.
Er schleckte sie ab und manchmal hatte ich das Gefühl, dass Chili gar nicht wusste, dass sie eine Katze war!
Chili wurde größer und sollte dann sterilisiert werden. Doch wie das Schicksal es will, an dem Tag, als wir zum Tierarzt wollten, ist sie uns entwischt.
Ich dachte: „Ok, kein Problem, dann fahren wir eben nächste Woche hin.“
Doch Chili hatte da wohl ihre eigenen Pläne gehabt…

Denn es kam wie es kommen musste: Sie war schwanger! Die Aufregung war groß, es wurde eine Wurfkiste gesucht und dann kamen die kleinen Katzenkinder zur Welt! 4 süße rote und rot-weiße Katzenbabys! Chili war eine tolle Mama, die die Kleinen prima versorgte!
Und dann kam ein Ereignis, was ich wohl nie vergessen werde!
Als Chili aus der Wurfkiste sprang um zu fressen, sprang Schorschi vorsichtig zu den Kitten und schleckte sie sauber!
Sobald die Katzenmama wieder da war, wurden die Rollen getauscht!
Eine wunderschöne Liebe zwischen Katze und Hund!

Machtkampf unter Hündinnen

Leider ist das Leben mit mehreren Hunden nicht immer Friede, Freude, Eierkuchen! Auch das mussten wir am eigenen Leibe erfahren. Die Hunde lebten bisher problemlos miteinander, die Rudelführung war geklärt: sie lag bei Franzi!
Und Franzi hatte ihr Rudel auch fest im Griff. Doch dann wurde Trixie zum ersten Mal heiß!

Wie auf Kommando hatten wir hier den schönsten Zickenterror. Ausgelöst wurden diese „Machtkämpfe“ meist durch die Türglocke! Sobald es läutete rannten alle bellend zur Tür – soweit nix Neues! Doch verbunden mit dem Engpass lagen sich plötzlich Trixie und Trudi in den Haaren!
Trixie versuchte im Rudel in der Rangordnung aufzusteigen. Gegen Franzi war sie chancenlos und so kam als kleineres Glied nur Trudi in Frage, da Wilma noch unter Welpenschutz stand.

Mir wurde wirklich himmelangst!
Zwei Hunde knurren mit Drohgebärden einander an! Und damit nicht genug! Franzi als Rudelchefin, fühlte sich verantwortlich zu schlichten! Dazu kam dann Schorschi, der ja seine Franzi verteidigen musste.

Fazit: Ein Haufen knurrender und raufender Hunde! Zum Glück hörte sich das Ganze schlimmer an, als es war.

Trudi hat es relativ schnell geschafft, Trixie in ihre Schranken zu weisen.

Und vor kurzem habe ich nicht schlecht gestaunt! In dieser Zeit hatten wir drei läufige Hündinnen und bisher kein Anzeichen von Machtgehabe!

Es klingelte! Und – Peng - es ging wieder los! Nur diesmal hingen Trudi und Franzi aneinander! Bedrohlich groß und knurrend standen die Damen sich auf den Hinterläufen gegenüber – Tatze an Tatze.

Und zu meiner großen Überraschung hatte sich Franzi gegenüber Trudi unterwerfen müssen! Franzi hatte ihre Rudelführung verloren!
Und zwar an das Schaf des Rudels: an Trudi!

Mäh!

*

Spaziergang in den Weinbergen

Wir haben zwar einen schönen großen Garten in dem unsere Hunde toben können, jedoch lieben sie den Freilauf in den Weinbergen vor unserer Haustür über alles!
Auch deshalb ist so ein großer Van mehr als praktisch. Die ganze Hundebande wird einfach in den Kofferraum verfrachtet und los geht es! Aber Moment .... zurück! So weit sind wir ja noch lange nicht. Sobald ich mir im Badezimmer meine Jeans anziehe, merkt Trudchen schon: „Es könnte ein Spaziergang werden!“ Sie hüpft dann wie ein Gummiball laut gurrend vor mir herum. Trudchen bellt nämlich nicht, sondern gurrt wie ein Täubchen.
Wenn ich dann noch meine Schuhe anziehe, gibt es kein Halten mehr.

Die ganze Bande ist aus dem Häuschen. Doch jetzt müssen den sechs Hunden noch die Halsbänder angelegt werden. Ich kann Ihnen sagen – das ist reinste Schwerstarbeit! Nachdem ich dann 5 Ohren in den Verschluss eingezwickt habe und die Krallen von 3 Pfötchen aus den Maschen meines Strickpullovers befreit habe, kann es losgehen.
Wir müssen zum Glück nicht weit fahren, aber Trixie schafft es trotzdem auf einer Strecke von nur ca. 1,5 km ins Auto zu kübeln. Es kann auch vorkommen, dass sie das Ganze noch toppt, indem sie noch ein Häufchen dazu legt.

In den Weinbergen angelangt kann die Rasselbande dann losrennen!
Und das ist für die Hunde Genuss pur. Trixie, Wilma und Yuki rennen um die Wette und dann kann es schon mal passieren, dass der Eine oder Andere einen Purzelbaum hinlegt. Ab und an hört man dann einen Schrei von mir, wenn Trudchen sich voll Genuss in etwas wälzt, von dem ich lieber gar nicht wissen will, was es ist. Oder wenn Trixie mit Appetit Pferdeäpfel mampft. Bäääääh!
Nach gut einer Stunde haben wir dann die große Runde gedreht und die Hunde werden sichtlich ruhiger.
Man muss bedenken, dass sie die Strecke ja nicht nur einmal laufen, sondern durch das ständig hin und her flitzen mindestens das Doppelte an Weg hinter sich gebracht haben.

Arbeiter an den Weinreben werden immer von der ganzen Bande begrüßt. Das ist manchmal gar nicht so lustig.... Meistens sieht die kleine Wilma den Arbeiter zuerst ... darauf folgt ein "Wuff", welches sich rasch in eine Folge von hohen Belltönen steigert. Davon aufmerksam geworden stimmt der Rest mit ein und dann rennt die ganze Meute los. Kurz vor dem Arbeiter bleiben dann alle Schwänzchen wedelnd stehen, um gestreichelt zu werden.

Rasselbande!

Beim Auto angekommen werden alle eingesammelt und wieder in den Kofferraum verfrachtet. Die Rückfahrt verläuft viel, viel ruhiger als die Hinfahrt. Zu Hause angekommen ist der Durst dann riesengroß. Und sobald dieser gestillt ist, liegt jeder erschöpft aber glücklich in seinem Körbchen.
Ruhe kehrt ein.

Alltag

Der Alltag mit sechs Hunden wird niemals langweilig!
Das beginnt schon früh morgens. Kaum hat mein Wecker mich um halb sieben mit der gut gelaunten Stimme des Radiomoderators geweckt, stehen freudig bellend alle Hunde an meinem Bett. Weniger gut gelaunt, da noch müde, versuche ich vorsichtig meine Füße zwischen dem Hundegewusel auf die Erde zu bringen. Nach dem ersten Gartengang begleitet mich die Bande dann natürlich auch ins Bad.
Immer und überall habe ich meine kleinen Schatten dabei. Beim Duschen, Kochen, Putzen … ich habe ihnen aber erklärt, dass ich alleine zur Toilette gehen kann!

Und immer werde ich freudig begrüßt, auch wenn ich nur 10 Sekunden draußen war, um die Post zu holen! Ganz viele Freund habe ich jedoch, wenn ich beim abendlichen Kochen bin. Es könnte ja doch das Eine oder Andere herunter fallen! Eigentlich ganz praktisch – früher musste ich mich immer bücken!
Das abendliche Füttern ist auch jedes Mal ein kleines Ritual. Die Flocken werden geholt – sechs Hunde sind dabei um zu sehen, dass ich alles richtig mache! Dann in der Küche die Flocken einweichen, Aufbaupräparate und Obst-Gemüsemischung dazu, noch ein Schuss Öl – sechs Hunde verfolgen mit Argusaugen, dass ich ja keinen Fehler mache! Jetzt wird das aufgetaute rohe Fleisch aus der Tüte befreit. Schorschi gibt in freudiger Erwartung bereits kleine Quietschetöne von sich! Es kann ja nicht mehr lange dauern! Die Näpfe werden geholt!
Die Quietschtöne werden lauter und 6 Augenpaare verfolgen mich und jede meiner Handbewegungen! Das Futter wird auf die Näpfe verteilt und in der jedes Mal gleichen Reihenfolge an die Hunde verteilt!
Franzi ist immer als Erste fertig! Ich glaube, sie inhaliert das Futter!
Dann schaut sie mich an nach dem Motto: „So, das war's schon???"

Yuki hat sich ein ganz tolles Spiel ausgedacht! Sobald ich ihr den Napf hinstelle, schnuffelt sie kurz daran und legt sich dann in einem ca. 30 cm Abstand vor den Napf und schaut ganz unbeteiligt in eine andere Richtung. Aber sobald die erste

Hündin fertig gefressen hat und sich auch nur ansatzweise in Richtung des vollen Napfes bewegt, knurrt Yuki und fängt genüsslich an ihren Napf zu leeren!
Die anderen stehen dann meistens leicht betröpfelt daneben….
Auch wissen sie ganz genau, dass es nach dem Kämmen eine Belohnung gibt!
Sobald ich dann meinen Kamm aus der Hand gelegt habe und stehe auf, habe ich sofort sechs hüpfende und bellende Hunde um mich!
Wenn ich dann auch noch frage: „Wer bekommt denn jetzt ein Leckerchen?" gibt es kein Halten mehr!
Und dann ist auch erst wieder Ruhe im Haus, wenn alle mit einem stinkenden Pansen versorgt sind und in ihren Körbchen verteilt genüsslich kauen!

Zum Nachdenken

Dies ist die Geschichte von Lea, einem Hund, der von illegalen Hundehändlern stammt.

Hunde von Züchtern kosten zwischen 500-1500 Euro je nach Rasse. Wenn Sie Ihren Hund bei Hundehändlern oder Schwarzzüchtern kaufen, bezahlen Sie nur 200-500 Euro. Doch die Folgekosten sind viel höher als der Preis eines Welpen, den Sie bei einem guten Züchter kaufen.

Die traurige Geschichte von einem billigen Hund

Ich weiß nicht mehr viel von dem Ort, wo ich geboren bin. Es war eng und dunkel und nie spielte ein Mensch mit uns. Ich erinnere mich noch an Mama und ihr weiches Fell, aber sie war sehr dünn und oft krank.
Sie hatte nur wenig Milch für mich und meine Brüder und Schwestern. Die meisten von ihnen waren plötzlich gestorben. Als sie mich von meiner Mutter wegnahmen, hatte ich furchtbare Angst und war so traurig. Meine Milchzähne waren kaum durchgestoßen und ich hätte meine Mama doch noch so sehr gebraucht. Arme Mama, es ging ihr so schlecht. Die Menschen sagten, das sie jetzt endlich Geld wollten und dass das Geschrei meiner Schwester und mir Ihnen auf die Nerven gingen.

So wurden wir eines Tages in eine Kisteverladen und fortgebracht.
Wir kuschelten uns aneinander und fühlten wie wir beide zitterten, ohnmächtig vor Angst.
Niemand kam um uns zu trösten. All diese seltsamen Geräusche und erst noch die Gerüche - wir sind in einem PETSHOP, einem Laden, wo es viele Tiere gibt.
Einige miauen, andere piepsen, einige pfeifen. Wir hörten auch das Wimmern von anderen Welpen. Meine Schwester und ich drücken uns eng zusammen in dem kleinen Käfig.
Manchmal kommen Menschen um uns anzuschauen, oft ganz kleine Menschen, die sehr fröhlich aussehen, als wollten sie mit uns spielen.
Tag um Tag verbringen wir in unserem kleinen Käfig. Manchmal packt uns jemand und hebt uns hoch, um uns zu begutachten.
Einige sind freundlich und streicheln uns, andere sind grob und tun uns weh. Oft hören wir sie sagen "Oh, sind die süß, ich will eines",
aber dann gehen die Leute wieder fort.
Letzte Nacht ist meine Schwester gestorben. Ich habe meinen Kopf an ihr weiches Fell gelegt und gespürt, wie das Leben aus dem dünnen Körperchen gewichen ist. Als sie sie am Morgen aus dem Käfig nahmen, sagen sie, sie sei krank gewesen, und ich sollte verbilligt abgegeben werden, damit ich bald wegkomme. Niemand beachtet mein leises Weinen, als mein kleines Schwesterchen weggeworfen wird.

Heute ist eine Familie gekommen und hat mich gekauft! Jetzt wird alles gut! Es sind sehr nette Leute, die sich tatsächlich für MICH entschieden haben. Sie haben gutes Futter und einen schönen Napf dabei und das kleine Mädchen trägt mich ganz zärtlich auf den Armen. Ihr Vater und ihre Mutter sagen, ich sei ein ganz süßes und braves Hündchen. Ich heiße jetzt Lea. Ich darf meine neue Familie sogar abschlabbern, das ist wunderbar. Sie lehren mich freundlich, was ich tun darf und was nicht, passen gut auf mich auf, geben mir herrliches Essen und viel, viel Liebe. Nichts will ich mehr, als diesen wunderbaren Menschen gefallen und nichts ist schöner als mit dem kleinen Mädchen herumzutollen und zu spielen.

Erster Besuch beim Tierarzt. Es war ein seltsamer Ort, mir schauderte. Ich bekam einige Spritzen. Meine beste Freundin, das kleine Mädchen, hielt mich sanft und sagte, es wäre o.k., dann entspannte ich mich. Der Tierarzt schien meinen geliebten Menschen traurige Worte zu sagen, sie sahen ganz bestürzt aus. Ich hörte etwas von schweren Mängeln und von Dysplasie E und von Herz zwei. Er sprach von wilden Züchtern und das meine Eltern nie gesundheitlich getestet worden seien. Ich habe nichts von alldem begriffen, aber es war furchtbar, meine Familie so traurig zu sehen.

Jetzt bin ich 6 Monate alt. Meine gleichaltrigen Artgenossen sind wild und stark, aber mir tut jede Bewegung schrecklich weh. Die Schmerzen gehen nie weg.

Außerdem kriege ich gleich Atemnot, wenn ich nur ein wenig mit dem kleinen Mädchen spielen will. Ich möchte so gerne ein kräftiger Hund sein, aber ich schaffe es einfach nicht.
Vater und Mutter sprechen über mich. Es bricht mir das Herz, alle so traurig zu sehen. In der Zwischenzeit war ich oft beim Tierarzt und immer hieß es "genetisch" und "nichts zu machen". Ich möchte draußen in der warmen Sonne mit meiner Familie spielen, möchte rennen und hüpfen. Es geht nicht.
Letzt Nacht war es schlimmer denn je. Ich konnte nicht einmal aufstehen um zu trinken und nur noch schreien vor Schmerzen. Sie tragen mich ins Auto. Alle weinen. Sie sind so seltsam, was ist los? War ich böse?

Sind sie am Ende böse auf mich? Nein, nein, sie liebkosen mich ja so zärtlich. Ach, wenn nur diese Schmerzen aufhörten! Ich kann nicht mal die Tränen vom Gesicht des kleinen Mädchens ablecken, aber wenigstens erreiche ich ihre Hand.

Der Tisch beim Tierarzt ist kalt. Ich habe Angst. Die Menschen weinen in mein Fell, ich fühle, wie sehr sie mich lieben. Mit Mühe schaffe ich es, ihre Hand zu lecken. Der Tierarzt nimmt sich heute viel Zeit und ist sehr freundlich, und ich empfinde etwas weniger Schmerzen. Das kleine Mädchen hält mich ganz sanft, ein kleiner Stich......Gott sei Dank, der Schmerz geht zurück. Ich fühle tiefen Frieden und Dankbarkeit.
Ein Traum, ich sehe meine Mama, meine Brüder und Schwestern auf einer großen grünen Wiese. Sie rufen mir zu, dass es dort keine Schmerzen gibt, nur Frieden und Glück.

Sie rufen mir zu, dass es dort keine Schmerzen gibt, nur Frieden und Glück.
So sage ich meiner Menschenfamilie auf wieder sehen auf die einzige mir
Mögliche Weise: mit einem sanften Wedeln und einem kleinem Schnuffeln.
Viele Jahre wollte ich mit euch verbringen, es hat nicht sein sollen.
Stattdessen habe ich Euch so viel Kummer gemacht.

Es tut mir leid, ich war halt nur eine Händlerware.

LEA
1999 J. Ellis - bewilligte Übersetzung von E. Wittwer
Dieser Text kann und soll weiter verbreitet werden,
damit sich all die Leute Gedanken machen,
die einen "BILLIGEN HUND" erwerben wollen!

Schnappschüsse

nickers auf hoher See

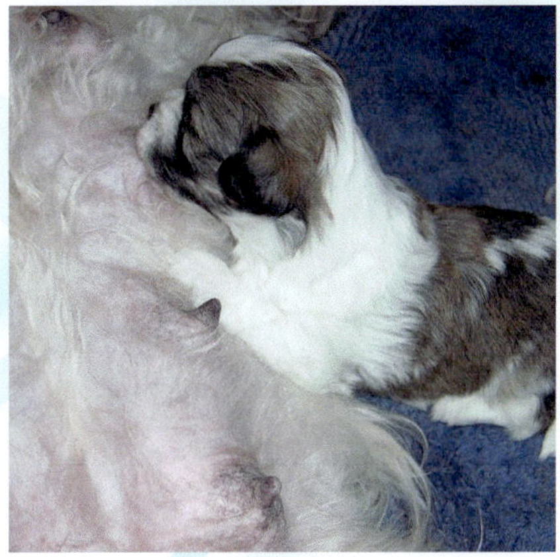

Aragorn an der Milchbar

Snickers hat den Schnulli gefunden

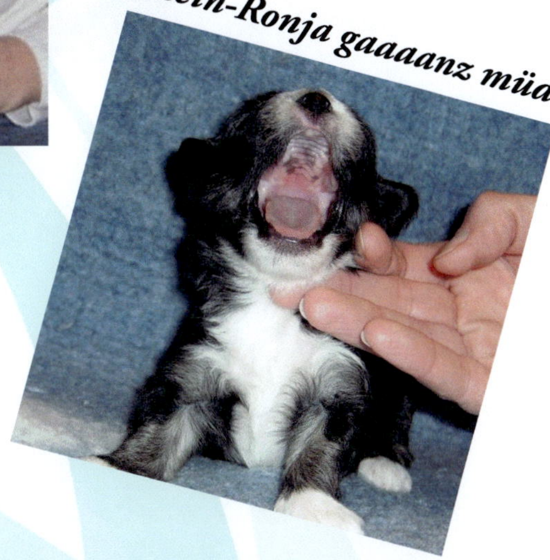

Klein-Ronja gaaaanz müde

Gaby und ich - die Mamarazzis

Bin ich nicht süß???

Zwei Freunde wie wir

So ein Kong ist schon toll!

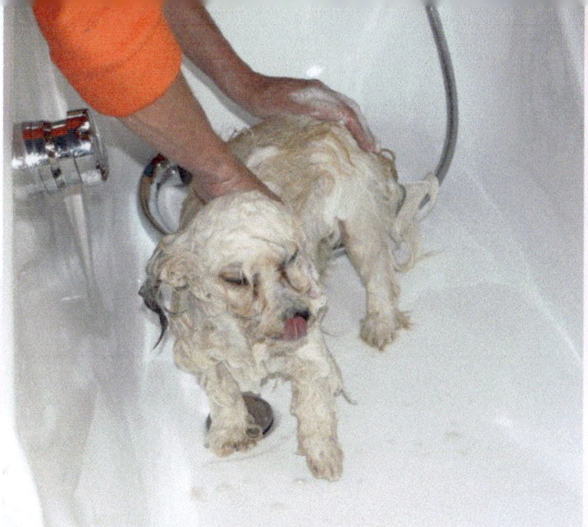

Baden ist soooo doof!

Meine Lieblingsbeschäftigung

Yuki und Trixie - schwarz auf - ähem - an weiß

Kuscheln ist toll!

Klein, aber mein!

Was guckst Du?!

Kissen sind was feines!

Ich habe ein neues Schmusetie

Aragorn, der Wirbelwind!

Ein Prachtrüde!

Gleich kommt das Leckerchen...

Ich glaube, ich liege im Ritz!

Komm, laß uns Tau ziehen

Lecker!!!

Bitte, bitte, ich will noch mehr!

Für Leckerchen mach ich (fast) alles!

Zwei Mamas bewachen die Babi

Vorsicht - Werwolf!

Platz da, jetzt komm ich!

h bin soooo müde!

Mein Kauknochen - mir allein!

Ich bin ganz lieb und habe es nicht getan. Und ich werde es bestimmt auch nicht wieder tun....

Gib es mir, bitte, bitte!

Ich habe die Zähnchen in dem Ball!
Und irgendwie bekomme ich die da

Bei Mama ist´s am schönsten!

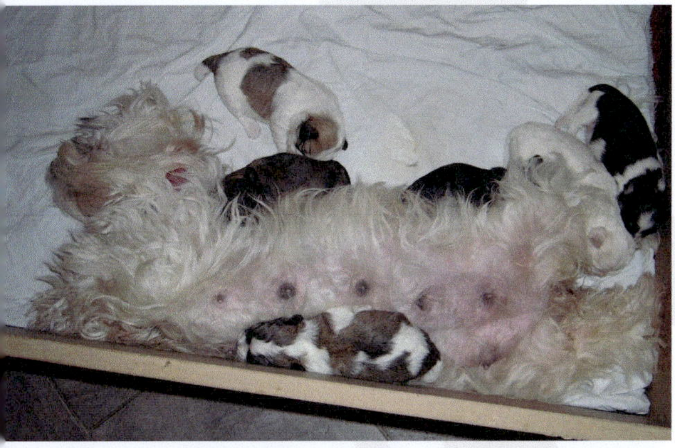

Jetzt zerbeiß ich´s!

Hallo, wer bist du denn?

Laßt mich doch einfach in Ruhe, ja?!

Komm, wir spielen

Wo sind denn alle?

Suchbild - was ist falsch?

Gestatten, ich bin die Wilma!

Hä, hä, hä.... hi, hi, hi...

Ich habe Durst! Mir hängt schon die Zunge auf der Erde!

Los, wer spielt mit mir?

Bloß kein Stress! Ich nehme erst einmal in Ruhe ein Sonnenbad!

Snickers war sogar schon Kinostar in einem Werbefilm für die Druckerei Spiegler in Bad Vilbel!

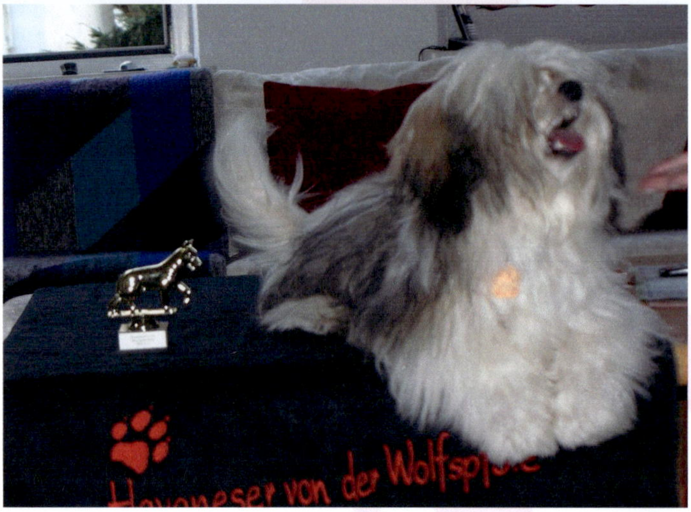

Ich hab nen Preis gemacht, ich hab nen Preis gemacht! Juchu!

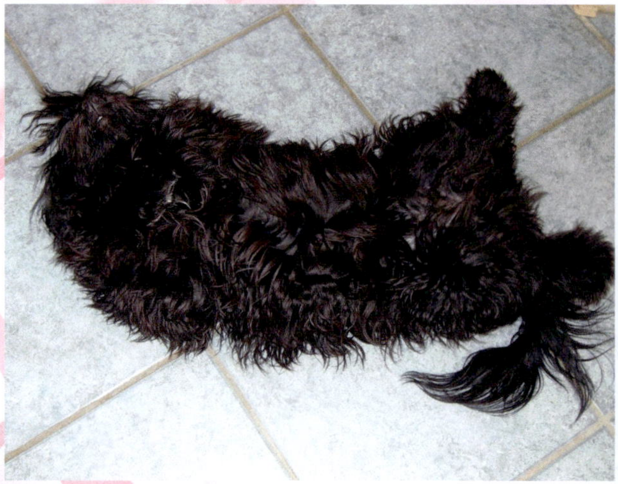

Ich fühle mich pudel - nein, havaneserwohl!

Gute Nacht, ich bin müde!
Und jetzt tu endlich die blöde K nipse

Können diese Augen lügen?

h bin ein Star! Holt m
h hier

Schlusswort

Sie haben uns und unsere Hunde nun in Wort und Bild kennen gelernt.
Ich hoffe, ich konnte Ihnen die tolle Rasse des Havanesers ein kleines bisschen näher bringen.
Wenn Sie die kleinen Herzensbrecher einmal persönlich kennen lernen wollen, so sind Sie bei uns aber auch bei vielen anderen Züchtern herzlich willkommen!
Vielleicht hatten Sie ein wenig Freude und Kurzweil beim Schmökern!
Bis auf weiteres verbleibe ich

Ihre
Petra Behr

Internettipp

Für Fragen und zum Austausch rund um den Havaneser, möchte ich Sie ganz herzlich einladen, sich im Havihundeforum (www.havihundeforum.de) anzumelden.
Wir freuen uns über jedes neue Mitglied!

Der internationale Hundeverband e.V. unterstützt Sie bei allen Fragen rund um den Hund. In diesem Verein treffen sich Hundefreunde aller Rassen und natürlich auch Halter von Mischlingshunden.